Impressum:

Copyright © 2018 GRIN Verlag
Druck und Bindung: Books on Demand GmbH, Norderstedt Germany
ISBN: 9783668946712

Lena-Johanna Schmidt

Die Institutionalisierung der "New Home Economics" in den USA und in Deutschland im internationalen Vergleich

GRIN Verlag

Justus-Liebig-Universität Gießen

Fachbereich 09 Agrarwissenschaften, Ökotrophologie und Umweltmanagement

Institut für Wirtschaftslehre des Haushalts und Verbrauchsforschung

Hausarbeit

„Die Institutionalisierung der *New Home Economics* in den USA und in Deutschland im internationalen Vergleich"

Verfasserin: Lena-Johanna Schmidt

Ort der Abgabe: Gießen

Datum der Abgabe: 29.05.2018

I   Inhaltsverzeichnis

II   Tabellenverzeichnis

1 Einleitung

Der Begriff der Ökotrophologie stammt aus dem Griechischen (*oikos* = das ganze Haus; *trophe* = Ernährung, Unterhalten) und steht demnach für die Lehre der Haushalts- und Ernährungswissenschaften, respektive der Lehre des Lebensunterhaltes und der Daseinsvorsorge der Menschen. Die Bezeichnung dieser Fachrichtung findet seit etwa 1965 – wenige Jahre nach Begründung des ersten Studienganges mit haushaltswissenschaftlichem Schwerpunkt an der Justus-Liebig-Universität Gießen – Anwendung (Egner 1985, S.12; Bargatzky 1968, S.65 zit. nach Schweitzer 1991, S. 16).

Synonym verwendete Begriffe stammen aus den angelsächsischen Ländern. Dabei handelt es sich um die *(New) Home Economics* und *Human Ecology* (Schweitzer 1991, S. 16). Dabei befassen sich die Begriffe *Haushaltswissenschaften* und *Home Economics* mit der sogenannten *klassischen Schule der Nationalökonomie* und die *New Home Economics* ebenso wie die *Departments of Human Ecology* und die aktuelle Lehre der Ökotrophologie mit einer Weiterentwicklung dieser klassischen Theorie (Schweitzer 1991). Während Adam Smith, Thomas Malthus und weitere Vertreter der *klassischen Schule der Nationalökonomie* die Meinung vertraten, dass der Mensch ausschließlich zu seinem Eigennutz wirtschaftet und die wirtschaftliche Leistungsmaximierung beziehungsweise das Wirtschaftswachstum für ihn das Hauptziel darstellt, beziehen die neuen Hauswirtschaftslehren die Haushaltsproduktion bzw. die Leistungserstellung in Privathaushalten in ihre Analysen mit ein (Bundeszentrale für politische Bildung 2013).

Neben dem bereits erläuterten Begriff der *New Home Economics* findet sich im Titel der Arbeit der Begriff der Institutionalisierung wieder. Laut Duden bezeichnet eine Institutionalisierung das „Annehmen einer festen [gesellschaftlich anerkannten] Form" (Dudenredaktion (Hrsg.) o.J.). Demnach befasst sich die Arbeit mit der Entwicklung der Haushaltswissenschaften von einem gesellschaftlich wenig geschätzten Bereich zu einer anerkannten Institution an den Universitäten verschiedener Länder (Schweitzer 1991). Im Vordergrund stehen die historischen Entwicklungen in den USA und in Deutschland. Des Weiteren werden Länder wie Finnland und die Niederlande betrachtet, um auch sie in den Vergleich mit einbeziehen zu können.

Das Ziel der Hausarbeit besteht darin, die historische Entwicklung der Haushaltswissenschaften - inklusive der bedeutendsten Vertreterinnen und Vertreter dieser Disziplin - aufzuzeigen und in einem internationalen Vergleich die Gemeinsamkeiten und Unterschiede herauszuarbeiten. Im Fazit dieser Arbeit werden die Ergebnisse des Vergleiches zusammengefasst.

Das Thema dieser Arbeit bildet unter anderem die Grundlage für das Verständnis des Studienganges Ökotrophologie und ist demnach bedeutend für das Modul „Haushalts-, Familien- und Gendertheorien", in dem diese Hausarbeit verfasst wird. Durch die historische Entwicklung der Disziplin der Haushaltswissenschaften an den Hochschulen ist der heutige Stand der Ökotrophologie und der Haushaltswissenschaften erst möglich geworden.

2 Historische Entwicklung der New Home Economics

Die Entwicklung der Haushaltswissenschaften, beziehungsweise der *New Home Economics* beginnt in den USA und erreicht mehrere Jahrzehnte später den europäischen Kontinent (Schweitzer 1991). Der Rückblick auf die Geschichte der Haushaltswissenschaften stellt den Hauptteil dieser Arbeit dar und beginnt mit den Entwicklungen in den USA, es folgt die Betrachtung Deutschlands. Das Kapitel schließt mit der Betrachtung der Niederlande, Finnlands und weiterer Länder.

Da die Entwicklung in den USA erst im 19. Jahrhundert einsetzt, werden die historisch vorausgegangenen Ereignisse der Antike bis zur klassischen Theorie der Nationalökonomie und Adam Smith nicht eingehend betrachtet.

2.1 Entwicklung in den USA

Im 19. Jahrhundert bestehen in den USA zahlreiche, aus der Industrialisierung entstandene soziale Probleme. Die sozialen Probleme bestehen unter anderem in den Bereichen Ernährung und Versorgung, Kindererziehung, hoher Kindersterblichkeit und schlechter Wirtschaftsführung des Haushalts (Luneburg, 1909 zit. nach Richarz 1991, S. 236). Die Migrations- und Immigrationsrate ist hoch, die Lebenslagen verschlechtern sich. Zudem nimmt die Urbanisierung, also die „Landflucht" der Menschen in die Städte zu (Cipolla, Borchardt 1985 zit. nach Richarz 1991, S. 235).

Diese Vorgänge nimmt die amtierende Regierung damals zum Anlass über den sogenannten *Morrill Act* im Jahr 1862 Landschenkungen an die Bürger vorzunehmen (Schweitzer 1996, S. 16). Aufgrund der Landschenkungen ziehen wieder mehr Menschen zurück auf das Land und bewirtschaften dieses. Aus den Erlösen und wegen der steigenden Nachfrage der Siedlerfamilien an Bildungsangeboten werden sogenannte *Land-Grant-Universities*, also landwirtschaftlich-technisch ausgerichtete Universitäten, gegründet. Sie werden später zu den heutigen Staatsuniversitäten (Tate 1973 zit. nach Richarz 1991, S. 242). An diesen Universitäten gründen sich die ersten *Departments of Home Economics* (Schweitzer 1996, S. 16). Viele dieser Departments benennen sich in den Folgejahren in *Departments of Human Ecology* um (Schweitzer 1996, S. 24). Die Gründung der *Departments of Home Economics* löst ein weiteres Problem: hier können Lehrerinnen und Lehrer für den haushaltswissenschaftlichen Unterricht ausgebildet werden (Bock 1972 zit. nach Richarz 1991, S. 242). Die Ausbildung der Mädchen und Frauen an den Schulen zur „Hausfrau und Mutter" soll unter anderem die Lebensbedingungen verbessern, indem die angesprochenen Probleme der Privathaushalte gelöst werden (Hauswirtschaftliche Unterweisung für die gesamte weibliche Jugend 1909, S. 23 zit. nach Richarz 1991, S. 236).

Die *Departments of Home Economics* orientieren sich bezüglich der angebotenen Fächer an den Bedarfen der Siedlerfamilien. Sie nehmen Bezug auf die Disziplinen der Natur-, Sozial-, Erziehungs- und Kulturwissenschaften sowie auf Medizin und Technik. Im Vordergrund steht in der Lehre besonders das Lösen von Alltagsproblemen mit Hilfe der gewonnenen Kenntnisse (Hillison und Burge 1988).

Im Laufe der Jahre steigt in den USA das Ansehen des häufig als „Frauenbildungswesen" bezeichneten Fachgebietes der *Home Economics* an den Universitäten (Schweitzer 1996, S. 23). Zu Beginn des 20. Jahrhunderts gründet sich der *internationale Verband für Hauswirtschaft* und der Unterricht der *Home Economics* zeigt erste Erfolge, wie zum Beispiel eine Anerkennung der Rolle der Frau und wie wichtig ihre Bildung ist (Richarz 1991, S. 237f). Aufgrund der auftretenden „Doppelbelastung" der Frau durch Erwerbs- und Hausarbeit kommt es in dieser Zeit zur Anwendung des *Taylorismus*, der „wissenschaftlichen Betriebsführung" auf das Haushaltsmanagement. Die Effektivität der Hausarbeit soll erhöht und Ressourcen wie Zeit und Kraft sollen gespart werden (Richarz 1991, S. 249).

Die frühen, als *Pioneers* bezeichneten, Vertreterinnen und Vertreter der *Home Economics* kommen auf den sogenannten *Lake-Placid-Konferenzen* in einer US-amerikanischen Kleinstadt zusammen (Richarz 1991). Der *Lake-Placid-Club*, gegründet von M.T. Dewey (1851-1931) und dessen Frau Annie C. Dewie (1850-1922) wird unter anderem von der bereits genannten Ellen H. Richards geleitet (von 1899-1908) (East 1980, S. 95 zit. nach Richarz 1991, S. 244). Dort entwickeln sie die erste offizielle Definition der *Home Economics* (1902), die wie folgt lautet: „das Studium von Gesetzen, Bedingungen, Prinzipien und Idealen in zwei Bereichen – zum einen der unmittelbaren physischen Umwelt, zum anderen des Menschen in seiner Natur als Sozialwesen; schließlich die Beziehung zwischen den beiden" (East 1980, S. 180 übersetzt und zit. nach Richarz 1991, S. 244). Der deutliche Bezug zur Umwelt in dieser Definition befasst sich vor allem mit den alltäglichen Problemen der Bevölkerung, wie dem Zugang zu einwandfreiem Wasser, einer ausreichenden Versorgung mit Nahrungsmitteln, sauber Luft und der Entsorgung von Müll und Abwasser, welche aus der expandierenden Bevölkerung vor allem in urbanen Gebieten entstehen (Hunt 1980, S.85 zit. nach Richarz 1991, S. 244f). Die Themen der Konferenzen weisen neben der Frage der Definition ein breites

Spektrum auf. Neben der bereits genannten Definition beschäftigen sich die Beteiligten vor allem mit den Inhalten, der Struktur sowie der Bezeichnung der *Home Economics* (Richarz 1991, S. 244).

Zu den *Pioneers* zählen Ellen H. Richards (1842-1911) sowie Isabelle Bevier (1860-1942) als jeweils erste beziehungsweise zweite Präsidentin der *American Home Economics Associati-on*, welche heute den Namen *American Association of Family and Consumer Sciences* (AAFCS) trägt (Richarz 1991, S. 242ff, 2001, S. 30). Sie stammen, wie ein Großteil der *Pio-neers* aus der Mittelschicht der Gesellschaft und studierten ursprünglich in einem anderen, meist naturwissenschaftlich geprägten Bereich. Richards und Bevier sind zum Beispiel Che-mikerinnen (Richarz 1991, S. 243f). Ein weiterer Vertreter, der jedoch nicht direkt zu den *Pioneers* zählt, ist Gary S. Becker. Becker entwickelt in den 60er und 70er Jahren in Zusam-menarbeit mit weiteren Wissenschaftlern die Theorie der *Home Economics* zur Theorie der *New Home Economics* weiter. Abbildung 1 zeigt zum einen das traditionelle Modell, in dem Geldeinkommen in Marktgüter investiert wird, die einen Nutzen stiften. In der neuen Theorie hingegen wird zum einen durch Zeiteinsatz Geldeinkommen geschaffen, mit welchem Markt-güter beschafft werden können, zum anderen gilt der Zeiteinsatz (in Kombination mit den am Markt erworbenen Gütern) der Haushaltsproduktion, welche einen Nutzen stiftet (Harylyshyn 1977, S. 81 zit. nach Schweitzer 1991, S. 75). Für sein Werk verleiht man Becker im Jahr 1992 den Nobelpreis der Wirtschaftswissenschaften (Schweitzer 1991, S. 74ff). Diese Theorie ist nach Rosemarie von Schweitzer zwar „realitätsnäher" als die „*traditionelle* neoklassische Haushaltstheorie", jedoch auch „nicht unumstritten" (Schweitzer 1991, S. 71).

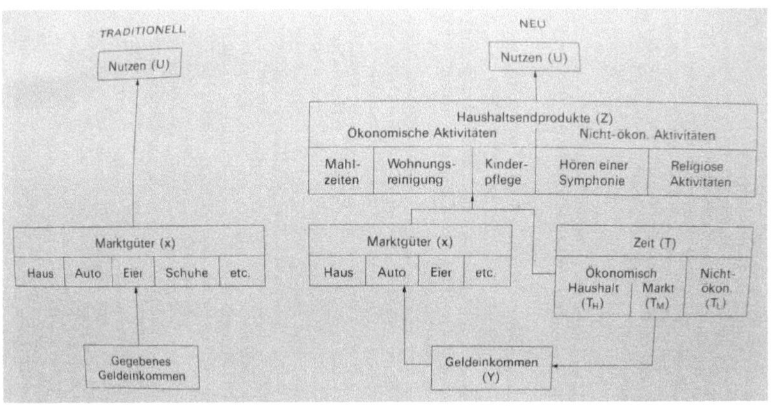

Abbildung 1: Vergleich der traditionellen und der neuen Haushaltstheorie [1]

[1]Quelle: Harylyshyn, 1977, S.81 (Übersetzung nach Rosemarie von Schweiter); zitiert nach: Krüsselberg, H.-G., Auge, M., Hilzenbecher, M.: Verhaltenshypothesen und Familienzeitbudgets. Stuttgart, Berlin, Köln, Mainz 1986, Bd. 182 d. Bundesministers für Jugend, Familie und Gesundheit.

Laut Rosemarie von Schweitzer sind die Lehre und die Forschung der Haushaltswissenschaften in den USA „lebensnah" und „didaktisch gut aufbereitet", jedoch eher „schlicht" und die veröffentlichten Forschungsarbeiten weisen „begrenzte Fragestellungen" sowie keine gute theoretische Ausarbeitung auf. Im Vergleich zum Angebot der deutschen Universitäten ist das Fächerangebot jedoch stärker differenziert (1996, S. 24).

Diese Differenzierung lässt sich am Beispiel der Fachbereiche der Cornell-State-University zeigen, welche im Folgenden aufgezählt und ins Deutsche übersetzt sind: *Consumer Economics and Housing* („Konsumökonomie und Wohnen"), *Design and Environmental Analysis* („Design und Umweltanalytik"), *Human Development and Family Studies* („Menschliche Entwicklung und Familienforschung"), *Human Service Studies* („Dienstleistungs-Studien"), *Textiles and Apparel* („Textilien und Bekleidung"), *Division of Nutritional Sciences* („Abteilung für Ernährungswissenschaften") sowie *Field and International Study Program* („Feld- und internationales Studienprogramm"). Deutlich wird an dieser Aufzählung zudem der große Einfluss des Frauenbildungswesens auf die Institutionalisierung der *New Home Economics* (Schweitzer 1991, S. 13f).

Die Institutionalisierung der *Home Economics* in den USA hat zum einen eine gesteigerte Lebensqualität, die Integration der Haushaltswissenschaften als weiblich geprägte Disziplin an den männlich dominierten Universitäten und ein wesentlich größeres Lehr- und Forschungspotential als an deutschen Universitäten zur Folge. Die Institutionalisierung der Haushaltswissenschaften in Deutschland setzt erst circa 100 Jahre später ein (Schweitzer 1996, S. 23).

2.2   Entwicklung in Deutschland

In Deutschland setzt die Institutionalisierung der Haushaltswissenschaften, wie im vorangegangenen Kapitel bereits erwähnt, etwa 100 Jahre später ein als in den USA (Schweitzer
1996, S. 23). Während die Entwicklung in den USA zum Ende des 19. Jahrhunderts bereit
weit vorangeschritten ist kommt es in Deutschland zunächst ausschließlich zur Einführung
von haushaltswissenschaftlichem Unterricht an den Schulen für Mädchen – zunächst aus der
Unterschicht stammende, später auch für Mädchen aus der Oberschicht (Zentralstelle für
Volkswohlfahrt 1909 zit. nach Richarz ca. 1988, S. 7). Dieser zumeist praktisch ausgelegte
Unterricht soll die Mädchen - wie in den USA - auf ihr „Hausfrau- und Mutter-Sein" vorbe-
reiten. Die „Theorie der Mädchenbildung" entwickelt sich in den Jahren nach der Einführung
des Unterrichts an Schulen über ausschließliche Lehre in den Bereichen Kochen und Wäsche-
pflege, zu einer ausdifferenzierten Lehre mit dem Einfluss natur- und wirtschaftswissenschaft-
licher Kenntnisse (Richarz ca. 1988).

Zu Beginn des 20. Jahrhunderts setzt die Industrialisierung - einhergehend mit einem starken
Bevölkerungswachstum - in Deutschland ein. Es entwickeln sich ähnliche soziale und wirtschaftliche Probleme wie in den USA und die „Landflucht" setzt auch hier ein (Richarz 2001,
S. 99). Ebenso wie in den USA versucht man die Probleme in der Bevölkerung mit Hilfe von
hauswirtschaftlichem Unterricht zu lösen. Um die Haushaltswissenschaften durch Forschung
und Lehre, sowie deren Ausbildungsaufgaben zu unterstützen, gründete sich 1925 die *Zentrale für Hauswirtschaftswissenschaften*, welche 1928 in das *Institut für Hauswirtschaftswissenschaften* in Berlin überführt wird (Richarz 1991, S. 256). Bereits hier finden die ersten Versu-
che statt, die Haushaltsproduktion in den Privathaushalten in Publikationen zu bewerten. Die
Theorie der *klassischen Schule der Nationalökonomie*, welche den Privathaushalt als Vernich-
ter von Werten und nicht als Produktionsort wertschaffender Leistungen sieht, bleibt jedoch
vorerst die vorherrschende Meinung (Schweitzer 1996, S. 26). Ende der 20er/Anfang der 30er
Jahre sind somit die Voraussetzungen für eine Institutionalisierung der Haushaltswissenschaften in Deutschland geschaffen (Richarz 1991, S. 258).

Aufgrund der Machtübernahme der Nationalsozialisten im Jahr 1933 und dem zweiten Weltkrieg (1939-1945), macht Deutschland - unter anderem in der Institutionalisierung der Haushaltswissenschaften - große Rückschritte (Muthesius 1958, S.113 zit. nach Richarz 1991, S.
258). Die Emanzipation wird nicht anerkannt und nahezu alle haushaltswissenschaftlichen
Institute werden im Zuge der „Gleichschaltung" aufgelöst oder neu besetzt. Dazu zählt unter

anderem das erst wenige Jahre zuvor gegründete *Institut für Hauswirtschaftswissenschaften* in Berlin. Nach dem Krieg ist eine Entwicklung wie in den USA für Deutschland nicht möglich (Muthesius 1958 zit. nach Richarz 1991, S. 258). Die durch die „Gleichschaltung" entstandene *Reichsstelle für hauswirtschaftliche Forschungs- und Versuchsarbeit* (1937) veröffentlichte zu Beginn zwar eine große Zahl an Untersuchungen, deren Aussagekraft ist jedoch durch den politischen Einfluss determiniert, welcher vor allem den reduzierten Verbrauch der Privathaushalte zum Ziel hatte, um mehr in die Rüstungsindustrie investieren zu können (Scholtz-Klink 1978, Vorwerck 1949 zit. nach Richarz 1991, S. 258f).

Ein weiteres Problem sind die Dominanz der männlichen „Führungselite" an deutschen Universitäten sowie die damit verbundene Geringschätzung der Haushaltswissenschaften und die starke Orientierung an Traditionen (Schweitzer 1996, S. 17).

Dank der monetären Unterstützung Westdeutschlands durch die USA über den *Marshall-Plan* und das damit zusammenhängende *European Recovery Program* (1948-1952) wird es möglich, neue haushaltswissenschaftliche Institute zu gründen, welche die haushälterischen Probleme der Nachkriegszeit lösen und hierarchische Strukturen innerhalb der Familien auflösen sowie einen Beitrag zur Demokratisierung der Gesellschaft leisten sollen (Henning 1988, Stübler 1985 zit. nach Richarz 1991, S. 281). In diesem Bestreben werden sie von amerikanischen Wissenschaftlerinnen und Wissenschaftlern unterstützt (Stübler 1985, S. 12Stübler 1985, S. 124 zit. nach Richarz 1991, S. 282). In Ostdeutschland hingegen werden die Haushaltslehren 1949 vollständig abgeschafft (Stübler 1985, S.123 zit. nach Richarz 1991, S. 281). Bei den in Westdeutschland gegründeten Instituten handelt es sich um nicht-universitäre Einrichtungen. Zu ihnen zählt unter anderem die *Bundesforschungsanstalt für Hauswirtschaft,* welche 1952 ins Leben gerufen wird, um den Lebensstandard von Familien in ländlichen Gebieten zu verbessern (Stübler 1985, S.125 zit. nach Richarz 1991, S. 282). Diese und weitere außeruniversitäre Einrichtungen übernehmen zunächst die „Forschungsinteressen der Frauen". Aufgrund der fehlenden Nähe zu Universitäten und der trotzdem weiterhin auftretenden Dominanz der Männer in der Forschung, fehlten diesen Forschungsanstalten die Möglichkeiten, die zum Beispiel die *Departments of Home Economics* in den USA sowie die Bundesforschungsanstalten des Agrarbereichs in Deutschland haben (Schweitzer 1996, S. 17). Der entscheidende, initiale Schritt der Haushaltswissenschaften an die Universitäten, fehlt jedoch und gelingt erst in den 60er Jahren (Richarz 1991, S. 283).

Erst innerhalb des Jahres 1962 wird - aufgrund der Empfindung eines „Modernitätsrückstandes des Bildungswesens" - der erste haushaltswissenschaftliche Studiengang *Wirtschaftslehre des Haushalts und Verbrauchsforschung* an der Justus-Liebig-Universität in Gießen gegründet (Schweitzer 1991, S. 11; Richarz 1991, S. 283). Der Studiengang wird an die agrarwissenschaftliche Fakultät angegliedert. Ähnliche Entwicklungen zeichnen sich in den Folgejahren an den Universitäten Bonn, Kiel und München Weihenstephan ab (Schweitzer 1991, S. 13). Grund für die Einführung eines haushaltswissenschaftlich geprägten Studiengangs an diesen Universitäten sind der Mangel an Studenten und die damit verbundenen Existenz-Probleme der betroffenen Universitäten (Schweitzer 1991, S. 13). Die Möglichkeiten der Lehre sind jedoch weiter begrenzt, da der Agrarbereich die Ernährungs- und Haushaltswissenschaften dominiert und die Ressourcen der Lehre stark begrenzt sind (Badir 1989 zit. nach Schweitzer 1991, S. 14).

Im Laufe der folgenden Jahre entwickelt sich aus dem Studiengang der *Wirtschaftslehre des Haushalts und Verbrauchsforschung* der interdisziplinäre Studiengang der Ökotrophologie (1965). 1985 wird der Studiengang – vor allem auf Wunsch der Agrarwissenschaftler – in einen eigenständigen Fachbereich ausgegliedert (Schweitzer 1991, S. 14). Er schließt die Bereiche der Ernährungswissenschaften und der Haushaltswissenschaften ein, wobei die Ernährungswissenschaften von den medizinischen und naturwissenschaftlichen Disziplinen, die Haushaltswissenschaften hingegen von den Wirtschafts- und Sozialwissenschaften sowie der Frauenforschung geprägt sind (Schweitzer 1991, S. 13ff). Die Frauenforschung äußert sich jedoch zu Beginn der Entwicklung haushaltswissenschaftlicher Studiengänge in Deutschland zunächst negativ (Richarz 2001).

Ebenso wie in den USA stammen auch die „Pioniere" der haushaltswissenschaftlichen Forschung in Deutschland zumeist aus anderen Disziplinen (Richarz 1991, S. 260). Zu den wichtigsten Vertreterinnen und Vertretern der Haushaltswissenschaften in Deutschland zählen die an der Gründung des *Instituts für Hauswirtschaftswissenschaften* (1928) beteiligten Käthe Delius (1893-1977) und Maria Silberkuhl-Schulte. K. Delius absolviert eine wirtschaftliche Frauenschule und besetzt seit 1923 die Stelle der Referentin für das ländlich-hauswirtschaftliche Ausbildungswesen im preußischen Landwirtschaftsministerium. Ab 1928 ist sie zudem Vorsitzende des Instituts für Hauswirtschaftswissenschaften. Sie bildet gemeinsam mit Silberkuhl-Schulte als Direktorin und Gertrude Hübinger als Geschäftsführerin den Vorstand des Instituts (Richarz 1991, S. 256f). Während des NS-Regimes werden Delius und Silberkuhl-Schulte zur Aufgabe ihres Amtes gezwungen, können sich jedoch in den 50er Jahren erneut ihrer Forschung widmen - Delius als Leiterin der *Bundesforschungsanstalt für*

Hauswirtschaft und Silberkuhl-Schulte mit einem Lehrauftrag an der Universität Bonn (Richarz 1991, S. 261f).

Zwei weitere Vertreterinnen sind Prof. Dr. Helga Schmucker (1901-1990), die maßgeblich an der Gründung des haushaltswissenschaftlichen Studiengangs an der Justus-Liebig-Universität Gießen beteiligt ist und deren Nachfolgerin Rosemarie von Schweitzer (*1927) (Richarz 1991). Ebenfalls bedeutende Rollen spielen die „Pioniere" Barbara Seel, Jörg Bottler und Erich Egner (Richarz 1991).

Bis vor einigen Jahren hat die Haushaltswissenschaft ein breites Studienangebot mit differenzierten Themen in Form von Diplomstudiengängen geboten. Zu den Universitäten, die diese haushaltswissenschaftlich ausgerichteten Studiengänge angeboten haben zählen Bonn, Gießen, Kiel und Stuttgart (Schweitzer 1991, S. 13). Seit der Umstellung auf das Bachelor- und Mastersystem findet eine stärkere Spezialisierung der Studierenden statt und der haushaltswissenschaftliche Schwerpunkt wird ausschließlich an der Universität Gießen und an Fachhochschulen – dort jedoch weniger ausdifferenziert – gesetzt (Meier-Gräwe 2017).

2.3   Entwicklung in weiteren Ländern

Neben der Institutionalisierung der *Home Economics* in den USA und in Deutschland bekommen die Haushaltswissenschaften in zahlreichen weiteren Ländern auf allen Kontinenten einen Platz an den Universitäten (Richarz 1991, S. 306). In Europa nehmen unter anderem Finnland und die Niederlande zu Beginn der 50er Jahre eine „Vorreiterrolle" ein (Richarz 1991, S. 271).

In Finnland entsteht bereits in den 20er Jahren des 19. Jahrhunderts die *Zentrale für Hauswirtschaft*. Im Jahr 1928 fordern Wissenschaftlerinnen und Wissenschaftler zum ersten Mal einen haushaltswissenschaftlichen Studiengang, welcher jedoch durch den betreffenden Ausschuss abgelehnt wird (Honkanen 1988, S.2 zit. nach Richarz 1991, S. 271). Durch den Winterkrieg 1939-1940 und die Auswirkungen des zweiten Weltkrieges, die auch Finnland betreffen, wird der Wunsch nach diesem Studiengang zunächst zurückgestellt. Das Bewusstsein, dass ein haushaltswissenschaftlicher Studiengang benötigt wird, bildet sich jedoch durch die Auswirkungen der Kriege stärker heraus. Als Folge entsteht an der Universität Helsinki 1945 der erste haushaltswissenschaftliche Studiengang Finnlands (Honkanen 1988, S. 3 zit. nach Richarz 1991, S. 272).

Die Haushaltswissenschaften in Finnland stehen unter dem Einfluss der amerikanischen *Home Economics* (Richarz 1991, S. 274). Das Studienangebot ist stark ausdifferenziert und die Studierenden haben nach ihrem Abschluss weitreichende Möglichkeiten in der Regierung, dem Gemeinwesen und der Beratung. Die Ausbildung von Lehrkräften ist jedoch meist ausgegliedert (Richarz 1991, S. 275). Die Lehre und die Forschung beziehen den Haushalt als aktiven Part der Gesellschaft ein und betrachten eingehend die Aktivitäten der Menschen in den Haushalten sowie ihre Wechselbeziehungen mit der Umwelt, um die Lebensqualität und die Wohlfahrt des Staates zu fördern (Autio 1980, S.7 zit. nach Richarz 1991, S. 274).

In den Niederlanden kommt es sieben Jahre später zur Gründung eines haushaltswissenschaftlichen Studiengangs an der Universität Wageningen (Mazeland 1986, S. 9 zit. nach Richarz 1991, S. 276). Auch hier spielen die Einflüsse des Strukturwandels in der Bevölkerung und der Einfluss des zweiten Weltkrieges eine maßgebliche Rolle (Hofstee 1986 zit. nach Richarz 1991, S. 276). In den folgenden Jahren entwickelt sich der haushaltswissenschaftliche Studiengang an der Universität Wageningen in die Richtung der „Wohnökologie" (Richarz 1991, 280f.)

Während die Haushaltswissenschaften in Skandinavien und Polen stark ökonomisch geprägt sind, orientiert sich Griechenland in die Richtung des Bildungswesens und der ländlichen Entwicklung (Richarz 1991, S. 307). In Frankreich und in der Schweiz steht die Lehrer- und Lehrerinnenbildung an erster Stelle, ebenso wie zu Beginn der Institutionalisierung in Großbritannien und Irland. Diese beiden Länder erweitern ihr Angebot jedoch in den Jahren nach der Institutionalisierung in den Haushaltstechnischen Bereich und bilden Studierende für eine Arbeit im öffentlichen Dienst, der Verwaltung und der Industrie – insbesondere in der Energieversorgung – aus (Fish 1983, zit. nach Richarz 1991, S. 307).

In Mittel- und Südamerika sind die *Home Economics* zwar vertreten, außer in Brasilien haben sie jedoch keinen eigenen Bereich an den Hochschulen (Seminar Hauswirtschaft, Bevölkerung, Kommunikation 1980 zit. nach Richarz 1991, S. 307). Australien und Neuseeland bieten im Vergleich dazu ein weit gefächertes Ausbildungsprogramm an, welches sich über die Bereiche Bildungswesen, Verwaltung, den Dienstleistungssektor und die Industrie erstreckt (Carpenter 1984, S.42 zit. nach Richarz 1991, S. 308).

Auf dem asiatischen Kontinent ist das Bildungsangebot der hauswirtschaftlichen Fächer ebenfalls weit ausdifferenziert und ist in den meisten asiatischen Ländern an die Universitäten angegliedert (Asien Regional Home Economics Seminar 1983 zit. nach Richarz 1991, S. 307). Indien nimmt eine besondere Rolle in diesem System ein, da es zum einen stark durch die eigene Kultur, unter anderem durch die „*All Indian Women's Conference*" aus den 30er Jahren, geprägt ist, zum anderen bestimmt aber auch die britische Kolonialherrschaft die Entwicklung der Haushaltswissenschaften (Entwicklung der Haushaltsökonomik in Indien 1986 zit. nach Richarz 1991, S. 307). 1950 wird das Fach *Home Science* an der Universität Delhi eingeführt und bereits in den 80ern ist dieser Fachbereich an 50% der indischen Universitäten vertreten (Entwicklung der Haushaltsökonomik in Indien 1986 zit. nach Richarz 1991, S. 307).

In Afrika sind die Haushaltswissenschaften ebenfalls in nahezu allen Ländern vertreten und unter anderem in Ägypten und Kenia als Studiengänge an Universitäten zugelassen (Richarz 1991, S. 308).

3   Internationaler Vergleich

Nach der Darstellung der Institutionalisierung der Haushaltswissenschaften in den einzelnen Ländern werden in diesem Kapitel die Unterschiede und Gemeinsamkeiten der Entwicklung kompakt zusammengefasst. Der Schwerpunkt liegt auf dem Vergleich der *Home Economics* in den USA mit den Haushaltswissenschaften in Deutschland.

Tabelle 1 zeigt einen Überblick über den Vergleich zwischen den USA und Deutschland. In den USA liegt der Ursprung der Institutionalisierung (Richarz 1991). Die Haushaltswissenschaften werden im 19. Jahrhundert an die Universitäten angegliedert (Richarz 1991). Die Entwicklung in den USA verläuft relativ schnell und ist, aufgrund der unabhängigen Entwicklung der Einzelstaaten, durch einen dynamischen Verlauf gekennzeichnet (Richarz 1991, S. 241). In Europa ist die Ausbildung an hauswirtschaftlichen Schulen zu diesem Zeitpunkt noch „kurz" und „seminaristisch" ausgerichtet (Richarz 1991, 238).

Die *Home Economics* in den USA entwickeln sich weitgehend unabhängig an den Universitäten, während die Haushaltswissenschaften in Deutschland in den Agrarbereich eingegliedert sind sich und gegen die Dominanz der Agrarwissenschaftler und der „männlichen Führungselite" durchsetzen müssen (Badir 1989 zit. nach Schweitzer 1991, S. 14).

Wie bereits in Kapitel 2.2 erwähnt, entwickelt sich die Ökotrophologie in Deutschland, anders als in den USA, aus den separaten Disziplinen Haushalts- und Ernährungswissenschaften (Schweitzer 1991, S. 13ff).

Tabelle 1: Vergleich der Institutionalisierung der Haushaltswissenschaften in den USA und in Deutschland.[2]

USA	Deutschland
Ursprung der Institutionalisierung (19. Jahrhundert)	späteres Einsetzen der Institutionalisierung (in den 1960er Jahren)
„unabhängige" Entwicklung	Eingliederung in und Dominanz des Agrarbereichs
Hauswirtschaft in Verbindung mit der Ernährung betrachtet	Hauswirtschaft und Ernährung als separate Disziplinen
praxisnahe Theorien, didaktisch gut aufbereitet	ganzheitlicher Ansatz
teilweise begrenzte Fragestellungen in Forschungsarbeiten	

Zudem ist der Ansatz in Deutschland ganzheitlich ausgerichtet, während die Lehre und Forschung in den USA „eher schlicht" wirken und die Fragestellungen in Forschungsarbeiten oft „begrenzt" sind (Schweitzer 1996, S. 24).

Im Vergleich zu Rest-Europa findet die Institutionalisierung in Deutschland etwa eineinhalb Jahrzehnte später statt (Richarz 1991, S. 282). Ein Grund dafür sind die Auswirkungen des zweiten Weltkrieges (Richarz 1991, S. 258). Die „Vorreiterrollen" in Europa tragen deshalb Finnland und die Niederlande (Richarz 1991, S. 271).

Die Institutionalisierung der *Home Economics* läuft in allen Ländern mehr oder weniger unterschiedlich ab, es bestehen jedoch auch Gemeinsamkeiten (Richarz 1991, 306f.). Dazu zählen unter anderem die Entwicklung der Haushaltswissenschaften aufgrund von sozialen und wirtschaftlichen Problemen, die Etablierung des Begriffs *Home Economics* sowie die hauswirtschaftlichen Themenkomplexe, die die Länder heute beschäftigen (Richarz 1991, S. 306, 1991, S. 310). Beispiele für diese Themen sind zum Beispiel die Probleme privater Haushalte und die Lösung dieser, der Strukturwandel der Gesellschaft, die Umwelt und deren Verschmutzung, die Wohnungsnot in Städten sowie die Versorgung (vor allem mit Nahrungsmitteln) in den Entwicklungsländern (Richarz 1991, S. 310).

Diese Themen werden unter anderem von Wissenschaftlerinnen und Wissenschaftlern auf Kongressen der *International Federation for Home Economics* (IFHE, 1908 gegründet) diskutiert. Die Familie und der Haushalt stehen in dieser internationalen nicht-staatlichen Organisation im Vordergrund. Die Organisation bietet neben den Kongressen Seminare an und veröffentlicht haushaltswissenschaftliche Publikationen (Richarz 1991, S. 309).

4   Fazit

Die Institutionalisierung der *Home Economics* ist in jedem Land unterschiedlich verlaufen (Richarz 1991, S. 306). Trotz der unterschiedlichen Schwerpunktsetzung, die vor allem in Kapitel 2.3 deutlich wird, gibt es deutliche Gemeinsamkeiten der internationalen haushaltswissenschaftlichen Lehre und Forschung, welche auf verschiedenen Kongressen thematisiert werden (Richarz 1991, 271ff, 1991, 306ff).

Insgesamt hat sich in allen Ländern durch die Institutionalisierung der *Home Economics* das Spektrum an Ausbildungsmöglichkeiten erweitert, das Niveau der Ausbildung – vor allem der Frauenbildung – ist angestiegen und es bestehen viele internationale Kontakte und Veranstaltungen (Richarz 1991, S. 308f).

Im vorangegangenen Vergleich wird vor allem die Begründung der haushaltswissenschaftlichen Forschung durch eine Vielzahl gesellschaftlicher Probleme deutlich (Richarz 1991; Schweitzer 1991). Die Entwicklung der Wissenschaft ist eng mit der Geschichte und der Kultur eines Staates verbunden, hier bezogen auf die Geschlechtergerechtigkeit und die unterschiedliche Entwicklung der Haushaltswissenschaften in den USA und in Deutschland (Schweitzer 1991, S. 15). In diesem Fall bildet vor allem der zweite Weltkrieg einen Einschnitt, aber auch einen Neuanfang für viele Länder Europas (Richarz 1991, S. 258, 1991, S. 272).

Die Institutionalisierung der *Home Economics* verläuft in den einzelnen Ländern zwar unterschiedlich, der ursprüngliche Grund und die heutigen Ansätze und Themenkomplexe weisen jedoch deutliche Gemeinsamkeiten auf (Richarz 1991, 306ff).

Literaturverzeichnis

Bundeszentrale für politische Bildung (2013): Klassische Schule der Nationalökonomie. In: Bundeszentrale für politische Bildung (Hg.): Duden Wirtschaft von A bis Z: Grundlagenwissen für Schule und Studium, Beruf und Alltag. 5. Aufl. Mannheim. Online verfügbar unter http://www.bpb.de/nachschlagen/lexika/lexikon-der-wirtschaft/19786/klassische-schule-der-nationaloekonomie, zuletzt geprüft am 02.05.2018.

Dudenredaktion (Hrsg.) (o.J.): "institutionalisieren". o.O. Online verfügbar unter https://www.duden.de/rechtschreibung/institutionalisieren, zuletzt geprüft am 23.05.2018.

Hillison, J.; Burge, P. L. (1988): Support for Home economics education in the Smith-Hughes-Act. In: *Home Economics Research Journal* (17), S.165-174.

Meier-Gräwe, Uta (2017): Die Institutionalisierung der New Home Economics. Justus-Liebig Universität. Gießen, 10.05.2017.

Richarz, Irmintraut (ca. 1988): Zur Geschichte der Haushaltslehre. Baltmannsweiler: Pädag. Verl. Burgbücherei Schneider.

Richarz, Irmintraut (1991): Oikos, Haus und Haushalt. Ursprung und Geschichte der Haushaltsökonomik. Göttingen: Vandenhoeck und Ruprecht.

Richarz, Irmintraut (2001): Der Haushalt in Wissenschaft und Bildung. Herausforderungen in sich wandelnder Welt. Baltmannsweiler: Schneider-Verl. Hohengehren.

Schweitzer, Rosemarie von (1991): Einführung in die Wirtschaftslehre des privaten Haushalts. Stuttgart: Ulmer (UTB, 1595 : Haushalts- und Sozialwissenschaften).

Schweitzer, Rosemarie von (1996): Der Haushalt als Gegenstand der Forschung. In: Ulrich Oltersdorf (Hg.): Haushalte an der Schwelle zum nächsten Jahrtausend. Aspekte haushaltswissenschaftlicher Forschung - gestern, heute, morgen. Frankfurt/Main, New York: Campus-Verl., S. 12–31.